U0384082

“小小极客”系列

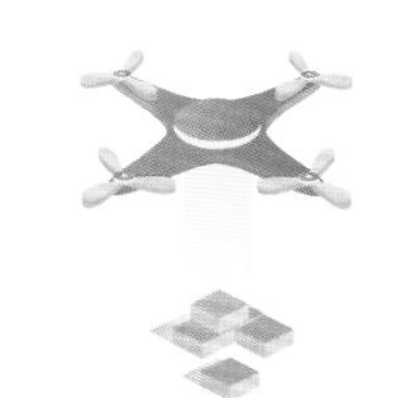

你好，机器人！

吴根清 编著

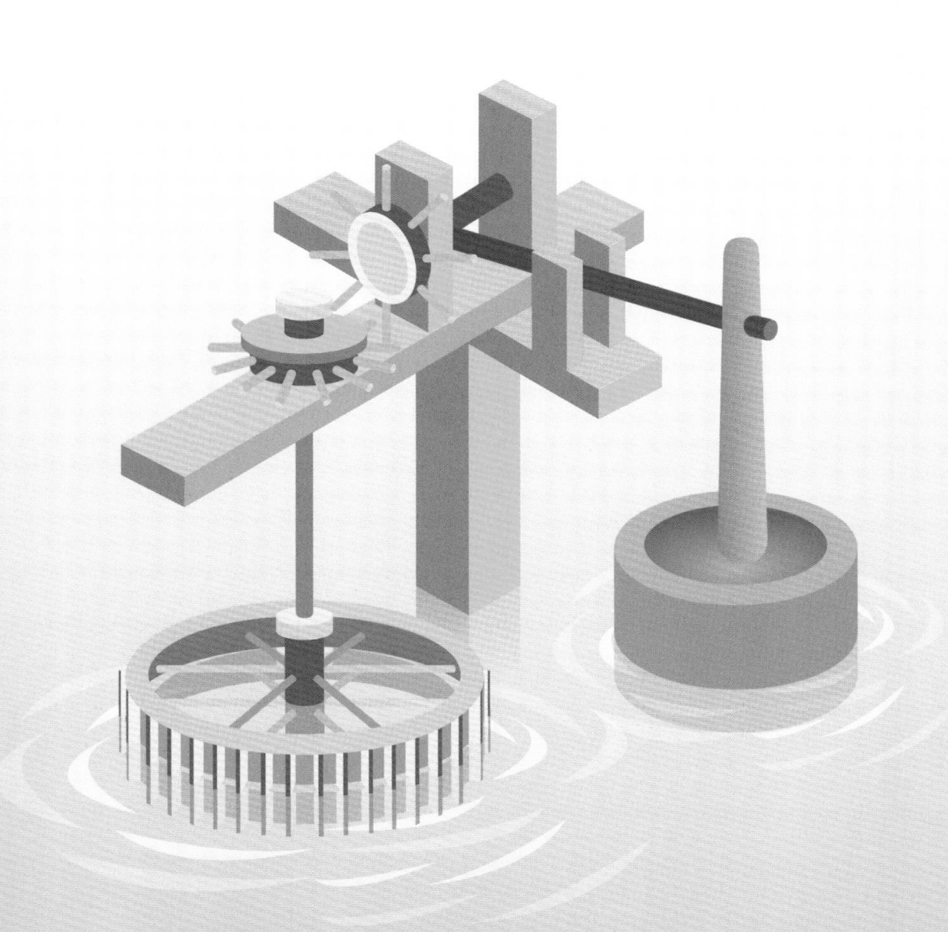

海豚出版社
DOLPHIN BOOKS
CIPG
中国国际出版集团

新世界出版社
NEW WORLD PRESS

编者的话

在这个无处不科技的时代，越早让孩子感受科技的力量，越早能够打开他们的智慧之门。

身处这个时代、站在这个星球上，电脑科技的历史有多长？人类和电脑究竟谁更聪明？人类探索宇宙的步伐走到了哪里？“小小极客”系列通过鲜活的生活实例、深入浅出的讲述，让孩子通过阅读内容、参与互动游戏，了解机器人、计算机编程、

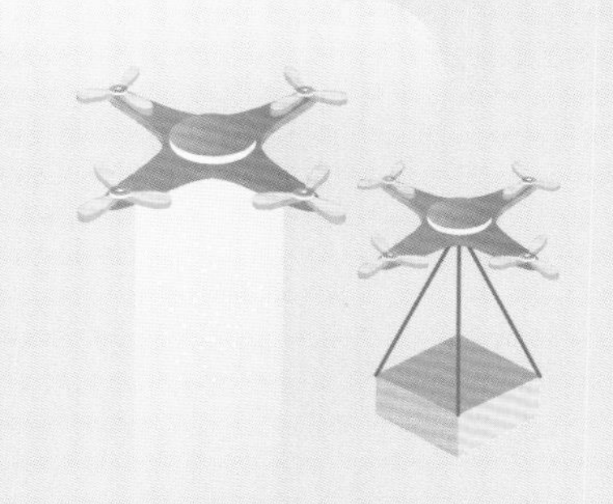

虚拟现实、人工智能、人造卫星和太空探索等最具启发性和科技感的主题，从小培养科技思维，锻炼动手能力和实操能力，切实点燃求知之火、种下智慧之苗。

“小小极客”系列是一艘小船，相信它能载着充满好奇、热爱科技的孩子畅游知识之海，到达未来科技的彼岸。

作者介绍

吴根清，毕业于清华大学计算机系，获博士学位。具有多年在移动互联网和人工智能行业工作经验。喜欢给女儿讲解前沿技术。

小小极客探索之旅

阅读不只是读书上的文字和图画，阅读可以是多维的、立体的、多感官联动的。这套“小小极客”系列绘本不只是一套书，它还提供了涉及视觉、听觉多感官的丰富材料，带领孩子尽情遨游科学的世界；它提供了知识、游戏、测试，让孩子切实掌握科学知识；它能够激发孩子对世界的好奇心和求知欲，让亲子阅读的过程更加丰富而有趣。

一套书可以变成一个博物馆、一个游学营，快陪伴孩子开启一场充满乐趣和挑战的小小极客探索之旅吧！

极客小百科

关于书中提到的一些科学名词，这里有既通俗易懂又不失科学性的解释；关于书中介绍的科学事件，这里有更多有趣的故事，能启发孩子思考。

这就是探索科学奥秘的钥匙，请用手机扫一扫，立刻就能获得——

极客相册

书中讲了这么多孩子没见过的科学发明，想看看它们真实的样子吗？想听听它们发出的声音吗？来这里吧！

极客游戏

读完本书，还可以陪孩子一起玩 AI 互动小游戏，让孩子轻松掌握科学原理，培养科学思维！

极客画廊

认识了这么多新的科学发明，孩子可以用自己的小手把它们画出来，尽情发挥自己的想象力吧！

极客小测试

读完本书，孩子成为小小极客了吗？来挑战看看吧！

传说中的“机器人”

如果有个机器人能陪伴我们、给我们表演节目、帮我们干活……而且完全听我们的指令，让它干什么，它就干什么，那该多好啊！

在很久很久以前，人类就有这个愿望，还流传下来很多有趣的传说……

大概在3000年前的周朝，当时的国王是周穆王，有人送给他一个木偶人，这个木偶人不只看起来跟真人一样，还能歌善舞，活动自如，看到的人都以为它是真人。

哇！它看起来真的跟人一样！

还有一个传说发生在春秋末期，主人公是木匠的祖师爷鲁班。据说他把竹木劈开削光滑，用火烤弯曲，造出了一种会飞的“木鸟”，在天上飞翔三天三夜都不落。

你什么时候停下来呀？
你不用吃饭、喝水吗？

现在没有人知道当时的木牛、流马长什么样子，你也可以设计自己的“木牛”和“流马”哦！

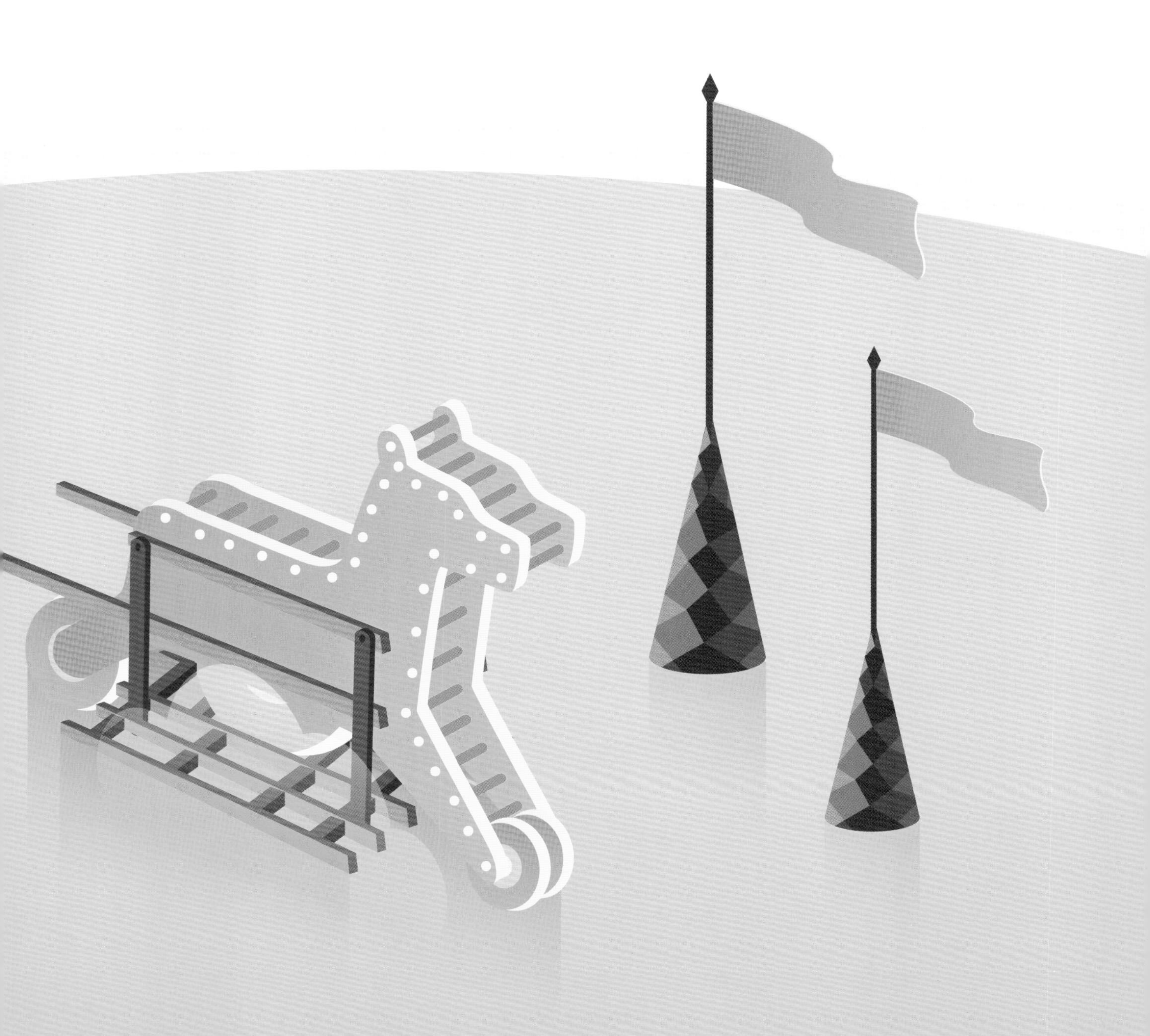

三国时期，有个很有智慧的人叫诸葛亮，他也是著名的发明家。传说他造出了“木牛”和“流马”。“木牛”和“流马”是用木头造的，样子看起来像牛和马，一次可以运输大概400斤的货物，按动机关便可以自动行走，节省了好多人力。

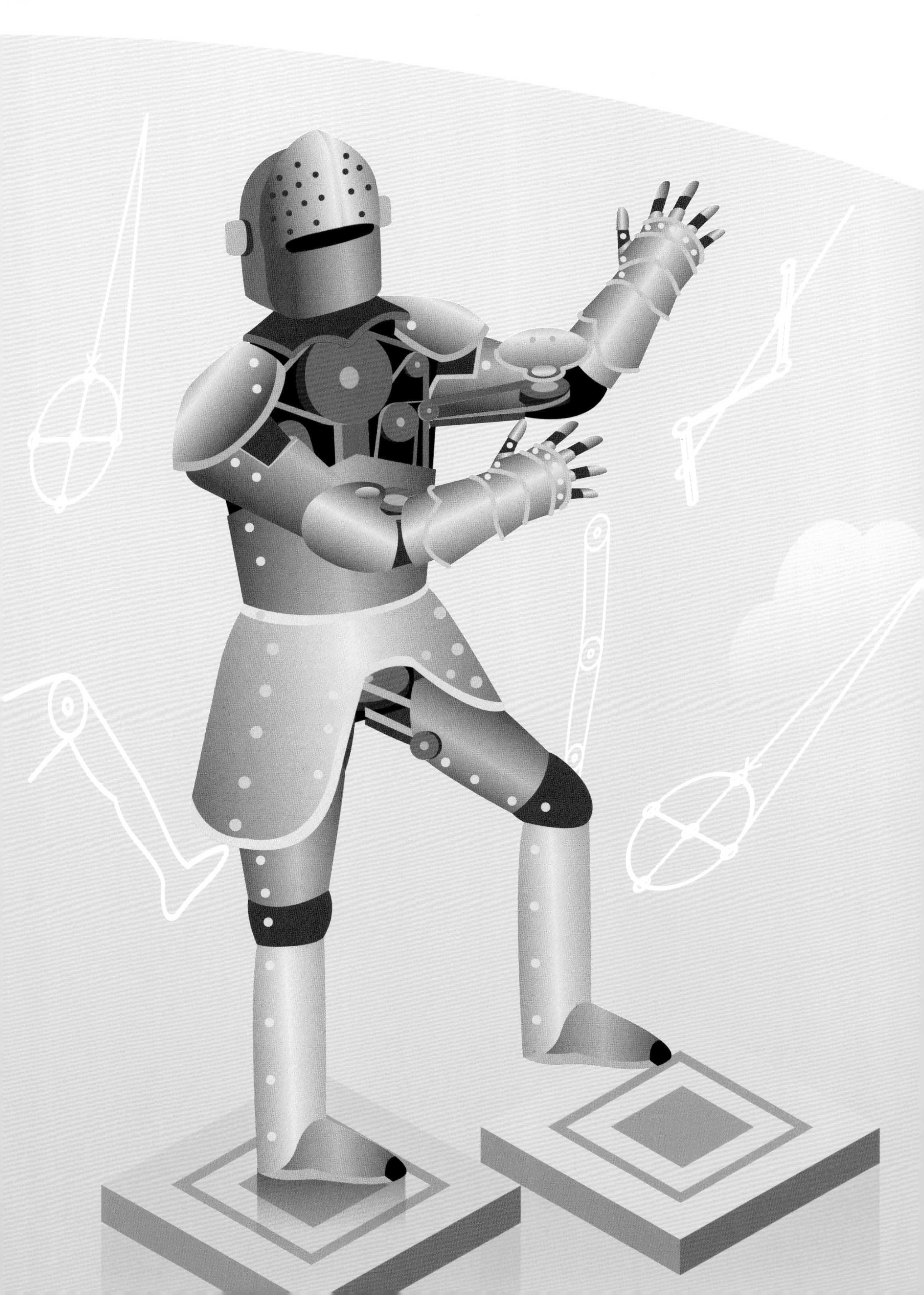

文艺复兴时期，意大利著名的画家、科学家达·芬奇也对制造自动机械充满了兴趣。在他留下的自动机械设计手稿中，最著名的一个叫“机械骑士”。根据达·芬奇的设计，“机械骑士”能依靠风能或者水力驱动做一些简单的动作，比如坐起、摆动双手、摇头及张开嘴巴。

我们现在并不能确定当时是否有人根据手稿制造出过真实的“机械骑士”，但从手稿可以看出，古今中外的科学家，都怀揣着制造自动机械的梦想。

我也想设计自己的机器人。

扫描二维码，
学习更多知识。

真正的自动机器

每到整点，小鸟就会从窗户里跳出来，“啾啾”地鸣叫报时。

几千年来，人们一直尝试制造各种自动机器，希望实现拥有“机器人”的愿望，但进展却很慢很慢。

一直到100多年前，在所有人类制造出的自动机器中，比较成功的也只有机械自鸣钟。

自鸣钟凭借精巧的机器设计，到了整点会自动报时。

现在，如果你跟爸爸妈妈一起去故宫，在钟表馆里还能看到各种让人惊奇的机械钟表呢！其中最精巧的就是写字人钟。

写字人钟顶层有两个小人举着一个圆筒，样子像在跳舞；第二层有一个敲钟人，每逢报完3、6、9、12点都会敲钟碗奏乐；底层还有个好像绅士模样的机械人，只要上弦开动，就能拿起手中的毛笔写字，写出的字非常漂亮！

他是怎么做到的？字写得比我好看多了！

能量来源：就像人要吃饭、动物也需要食物一样，只有找到适合机器人的动力，才能让它真正活动起来。

要能动起来！

2

运动系统：就像人的关节和肌肉能自由活动一样，机器人也需要特殊的设计，才能做出各种目标动作。

怎样才能造出“机器人”？

人类努力了几千年，为什么一直没有真正的“机器人”诞生呢？因为要制造出机器人，需要解决三个非常重要的问题。

要有聪明的大脑！

控制系统：就像大脑是人类思想和行为的指挥官一样，机器人也需要一个复杂的“大脑”（或者说控制系统）来指挥它的行动。

早期的自动机器距离机器人还有多远？

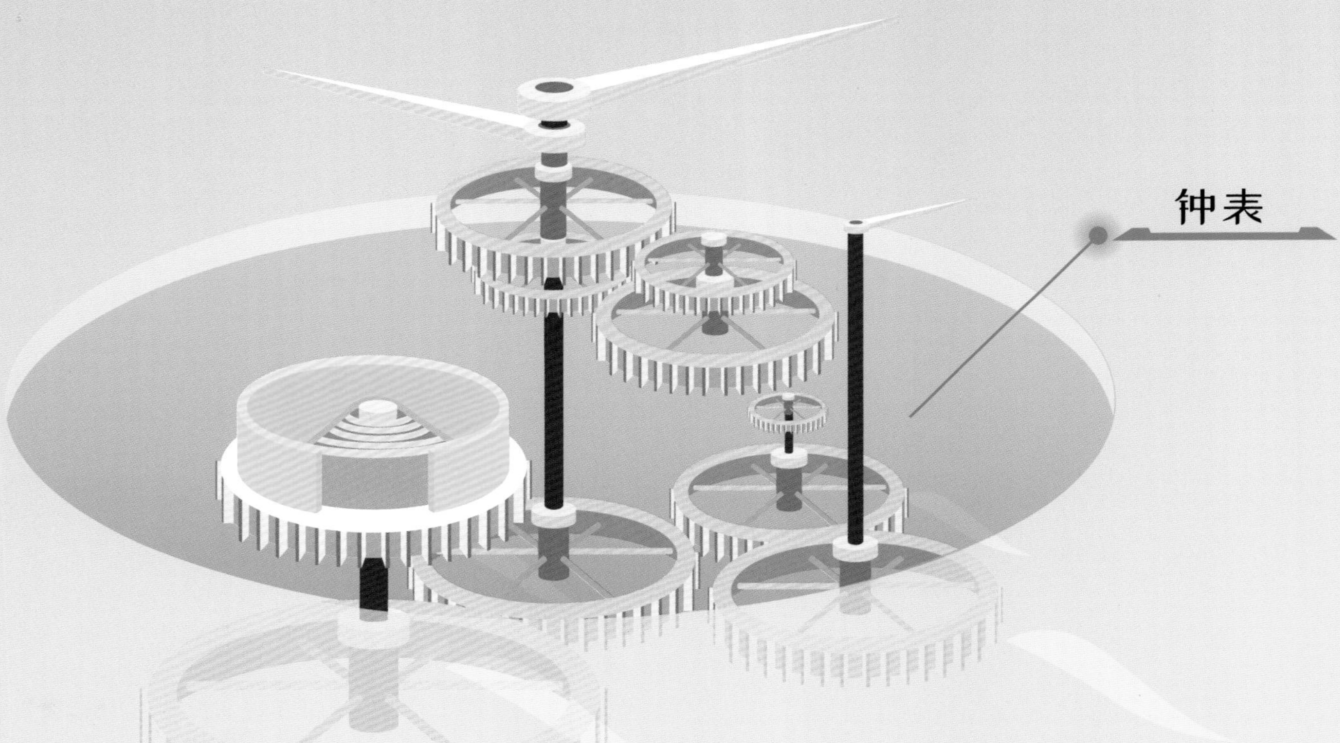

钟表

能量来源	拧紧的发条
运动系统	时针、分针、秒针的走动
控制系统	发条带动精确的齿轮结构，控制不同指针运动

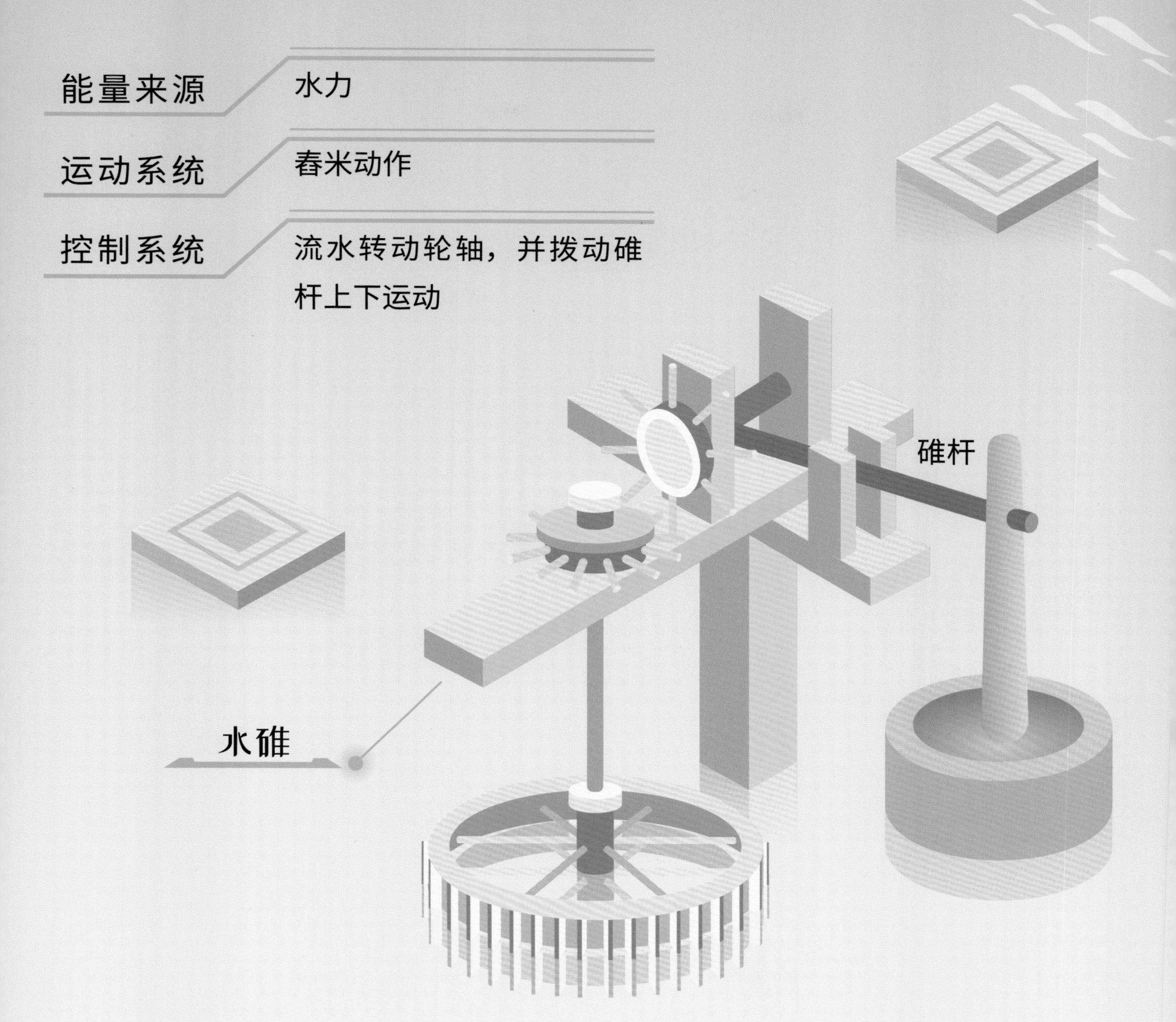

在早期的自动机器中，控制系统或者说机器的“大脑”都很不发达，或者干脆就是运动系统的一部分，比如钟表和水碓（duì）。

钟表的指针可以自动走动计时。水碓是利用水流力量来自动舂（chōng）米的机器，河水流过水车，进而转动轮轴，再拨动碓杆上下舂米。

真正的机器人诞生啦！

电的发现和电动机的发明，解决了机器人“吃饭”和“运动”的问题。

大家好，我是 Televox，出生于 1927 年。我是由薄薄的铁板和电路板组成，就像提线木偶一样。我是靠电动机牵引的，打开不同的电源，我就会完成不同的动作，比如把手举起来或者放下。

200多年前，人类发明了第一个电池。随后的100多年里，人类陆续发明了发电机和电动机，然后慢慢出现了以电为能量、以电动机为动力的自动机器。直到这时，“机器人”的时代才开始到来，各式各样简单的机器人开始出现啦。

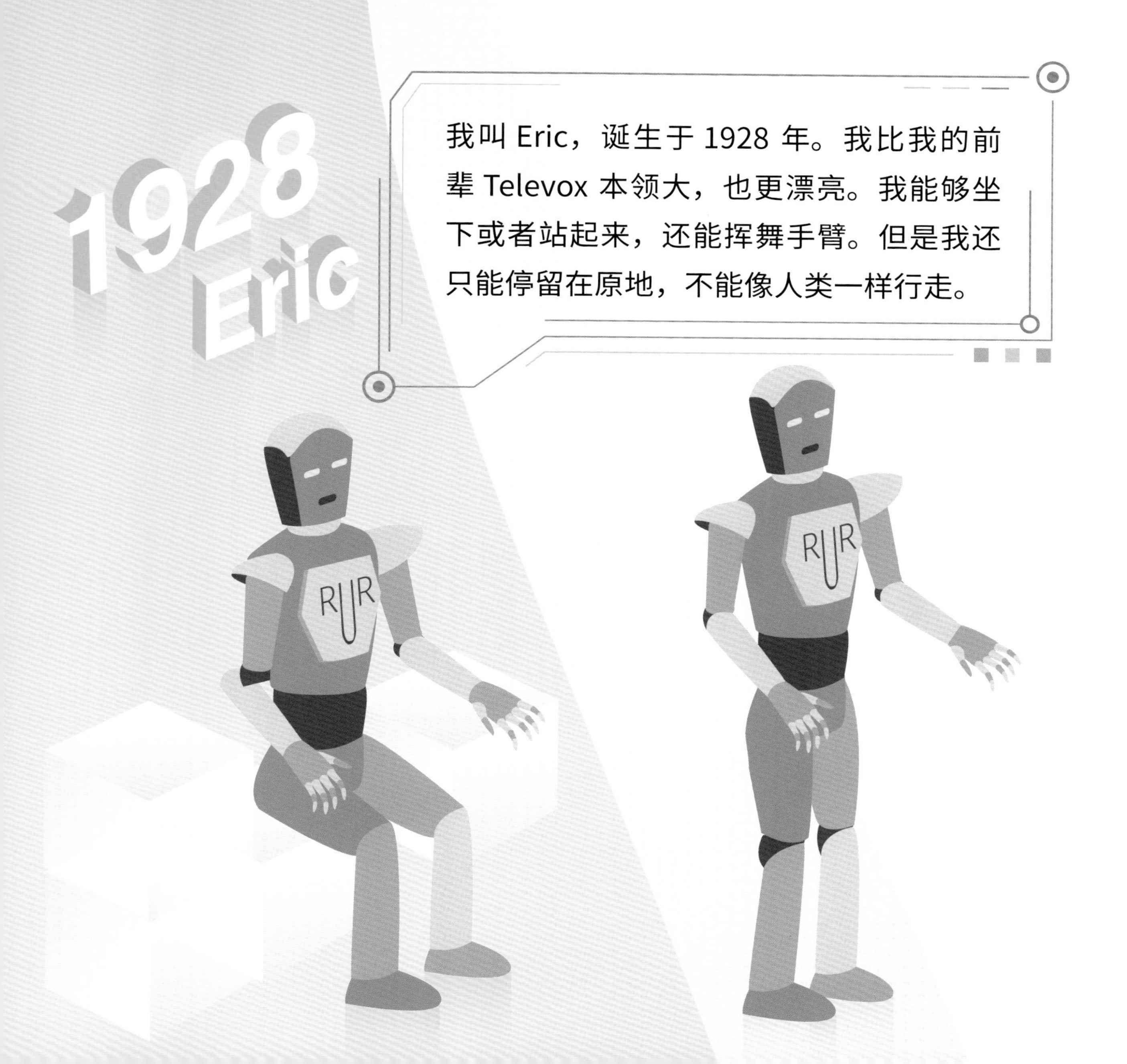

1928
Eric
我叫 Eric，诞生于 1928 年。我比我的前辈 Televox 本领大，也更漂亮。我能够坐下或者站起来，还能挥舞手臂。但是我还只能停留在原地，不能像人类一样行走。
RUR
RUR

1939 Elektro

我叫 Elektro，1939 年，我在世界博览会第一次亮相，你看我是不是很威武！我有 26 种特殊本领：我能慢慢地走路，能说 700 个英语单词，更神奇的是，我还能吹气球！人们怕我寂寞，还给我造了个机器狗伙伴，名叫 Sparko。

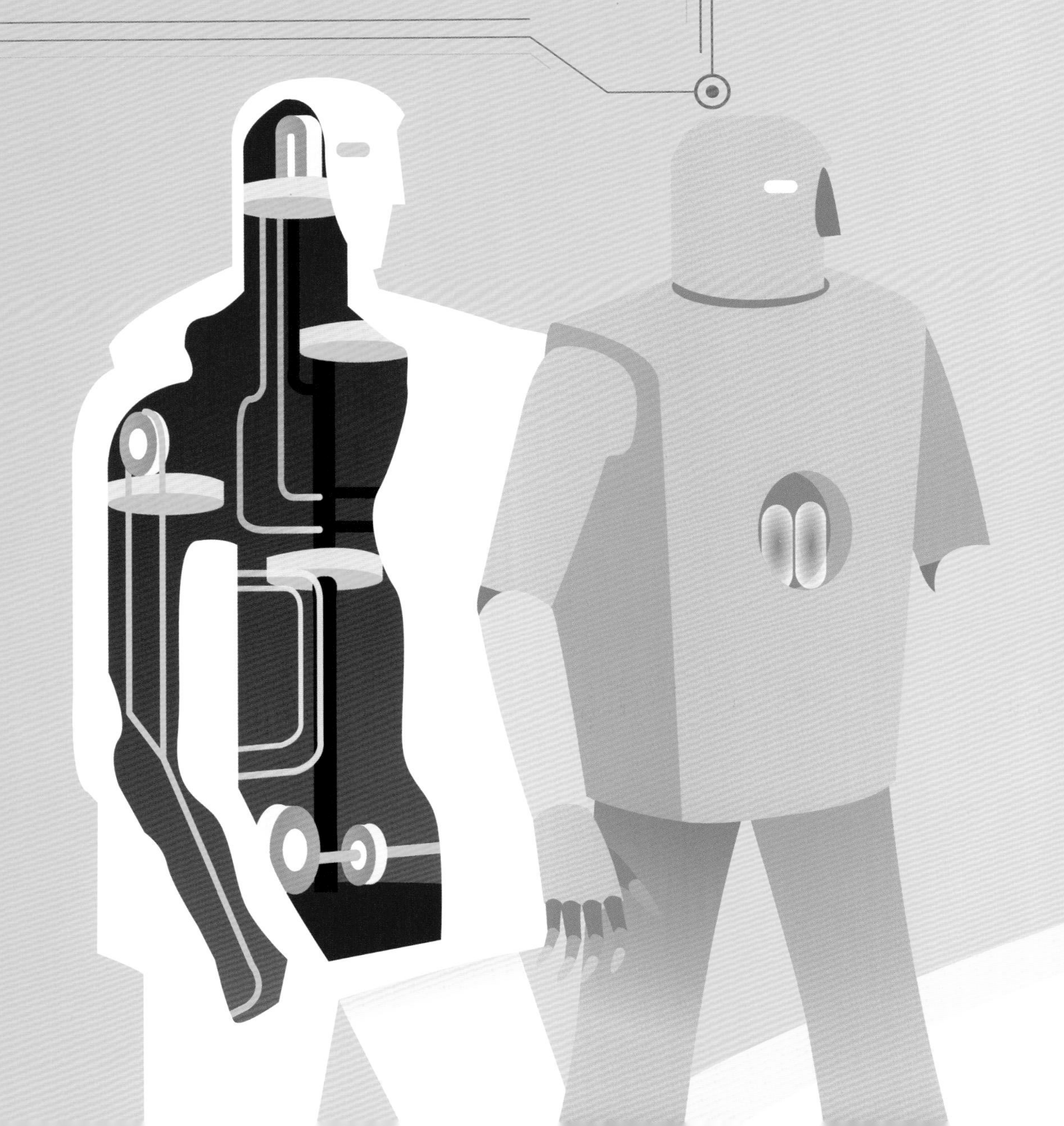

但是，以上这些机器人能做的事都还比较简单，它们和人类相比，要学的本领还很多，比如Elektro吹气球时需要有人把气球放好，它才能完成剩下的动作。

你知道这是为什么吗？

因为这些机器人和人类相比，缺乏最重要的部分：一个智慧又多能的大脑。

机器人变“聪明”

1946 年，第一台电子计算机诞生。计算机有一项特殊的本领，就是能自动执行人类编写的程序。这些程序能够控制复杂的电路来完成各种任务。

很快，电子计算机和程序被用于开发自动机器，它们成了机器人的“大脑”！

原来，机器人不全都长得像人呀！

我叫 Unimate，生于 1954 年，我是世界上第一个工业机器人。我的外形像一条巨大的机械手臂，因为我不怕烫，工程师们通过编写计算机程序，让我按照指令代替人不断抓取高温的金属块，用于制造工具。我们机器人开始成为人类的各种“帮手”啦！

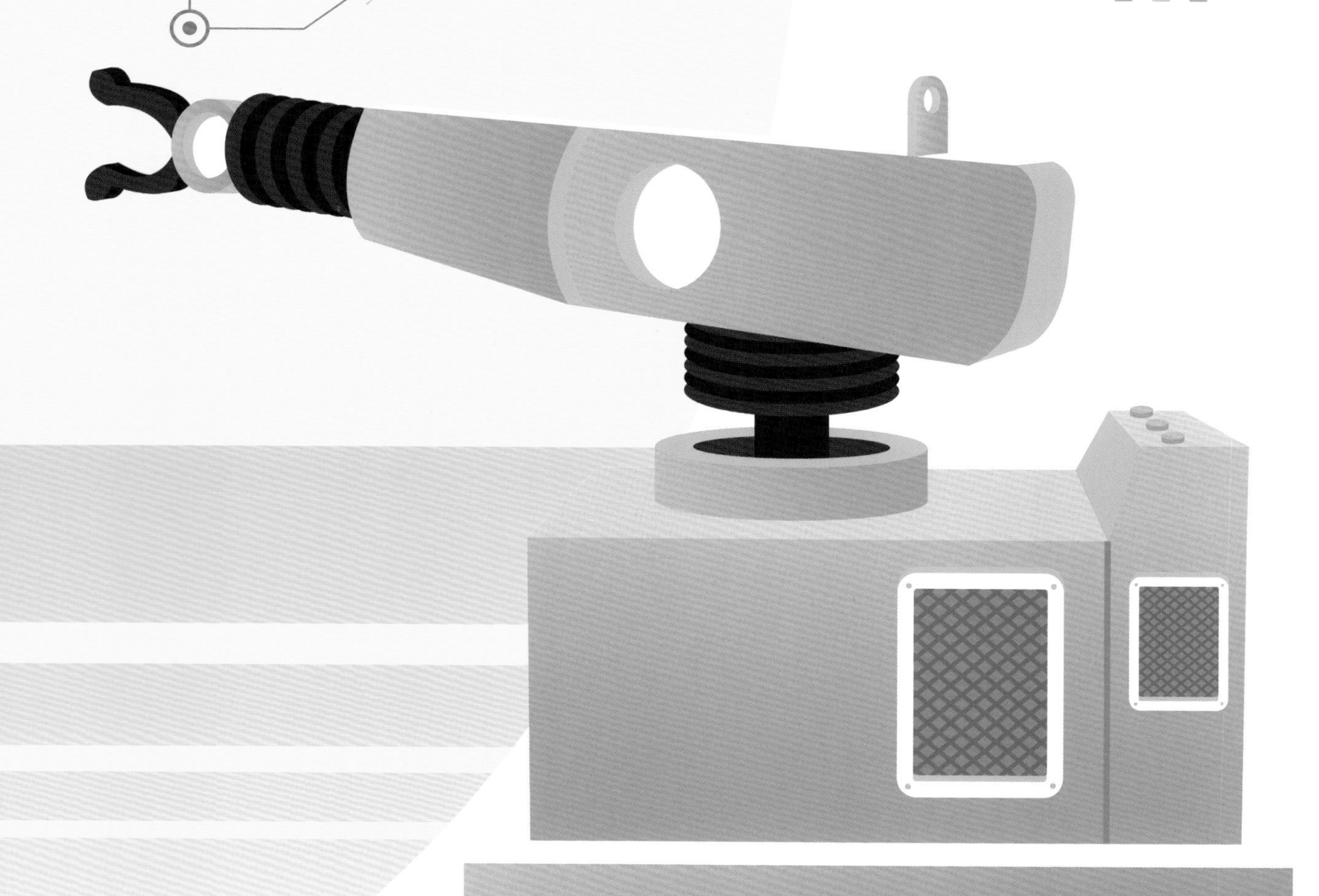

人类的好帮手

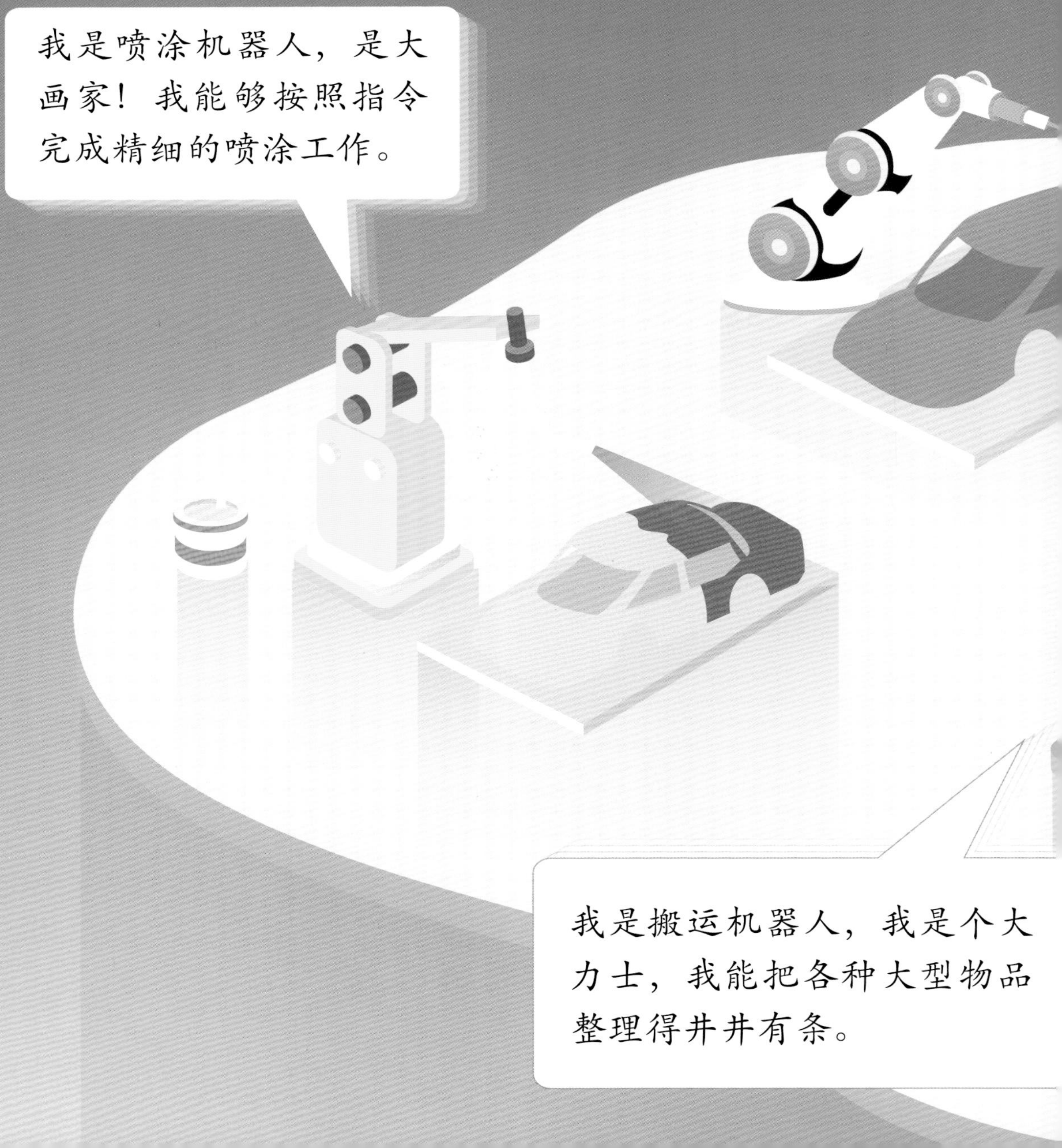

我是喷涂机器人，是大画家！我能够按照指令完成精细的喷涂工作。

我是搬运机器人，我是个大力士，我能把各种大型物品整理得井井有条。

机器人家族还有很多小伙伴，可以在极端条件下（真空、水下、无尘车间等）工作，不仅使人们摆脱各种危险、可怕的环境，而且很多工作比人类做得更准确、更精细！机器人是人类的好帮手！

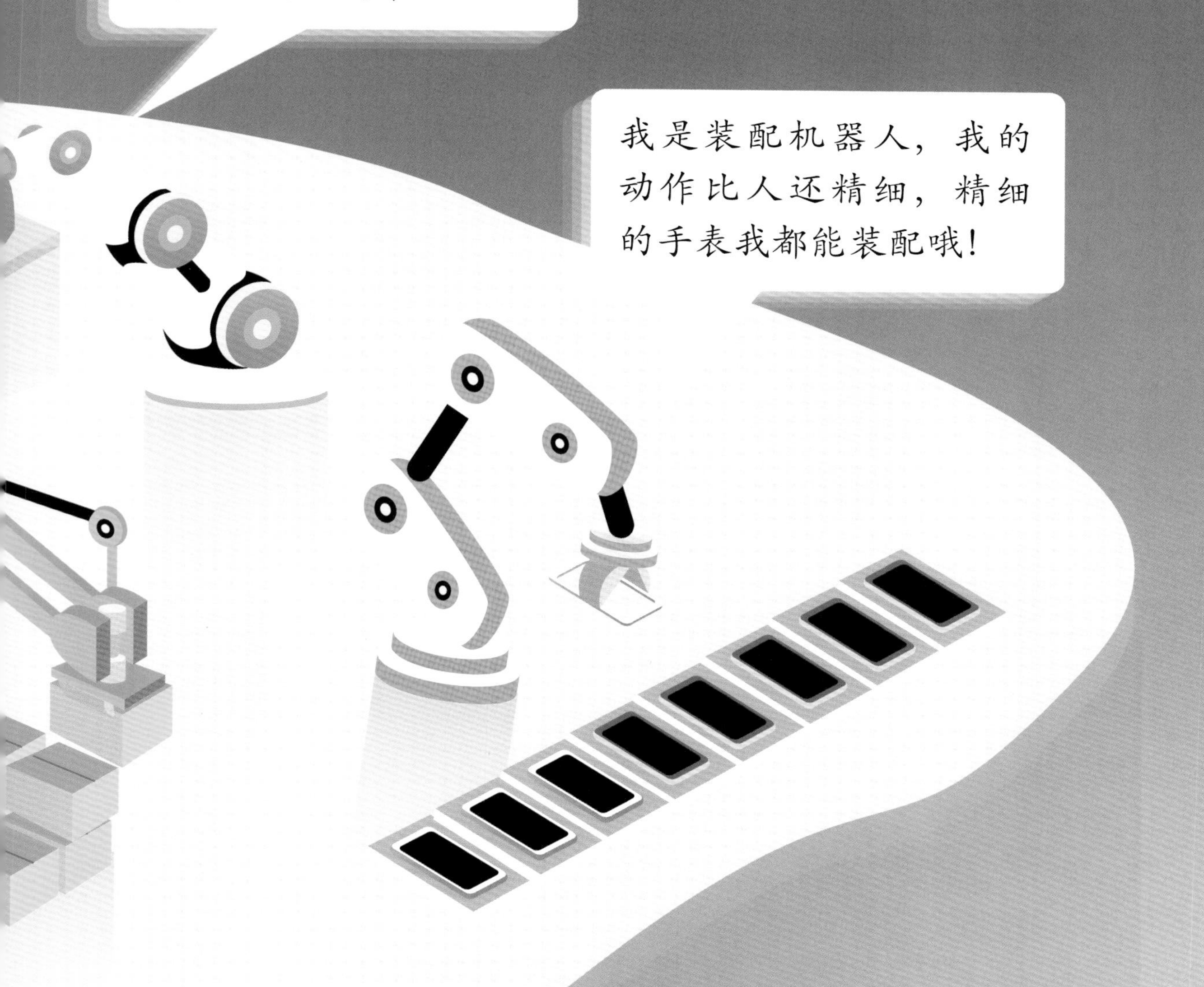

我是焊接机器人，我有智能焊接手，巨型物件我也能连接起来！
我是装配机器人，我的动作比人还精细，精细的手表我都能装配哦！

欢迎回家！

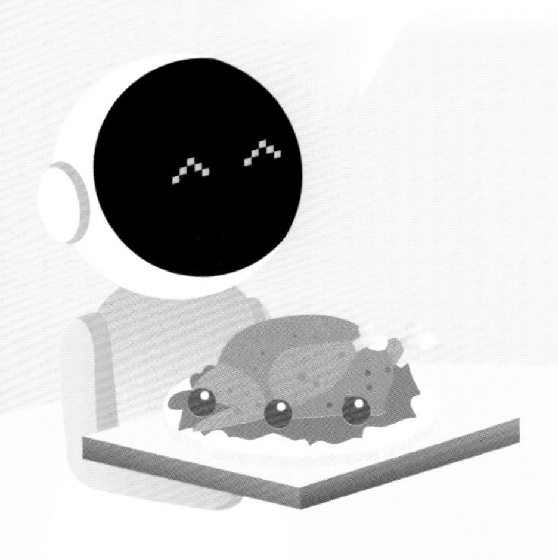
请您用餐！

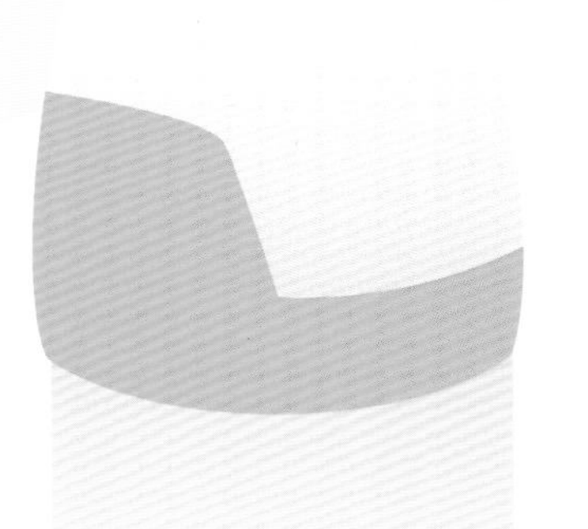

人形机器人

人形机器人家族很庞大，包括迎宾机器人、服务机器人、陪伴机器人、儿童玩具机器人等。电影、动画片、绘本里的许多机器人都是类人形的，比如小朋友都很喜欢的变形金刚。

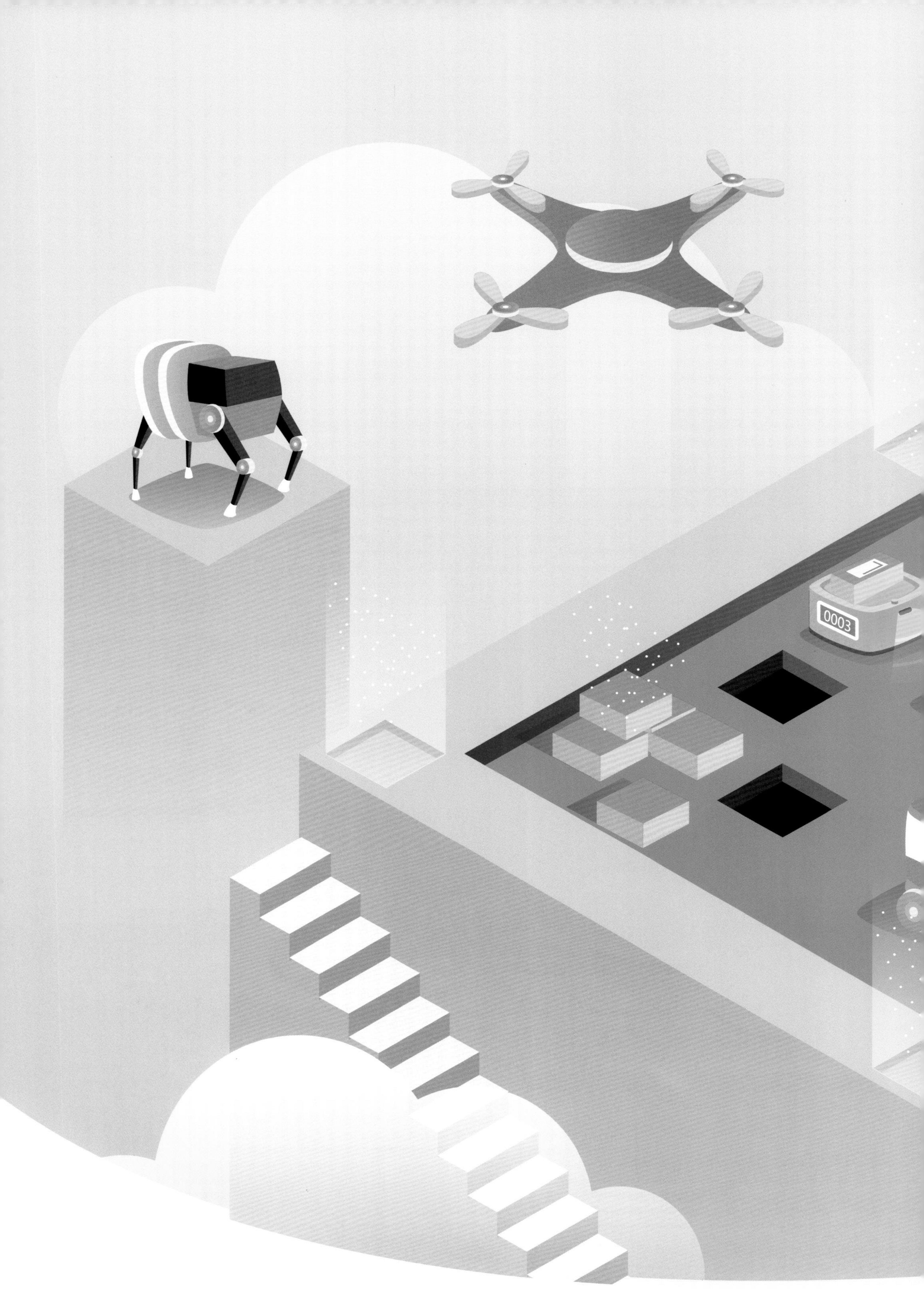
0003

非人形机器人

非人形机器人大多承担特殊的功能，比如各种工业机器人、四足大狗机器人、扫地机器人、快递机器人、快递无人机等。

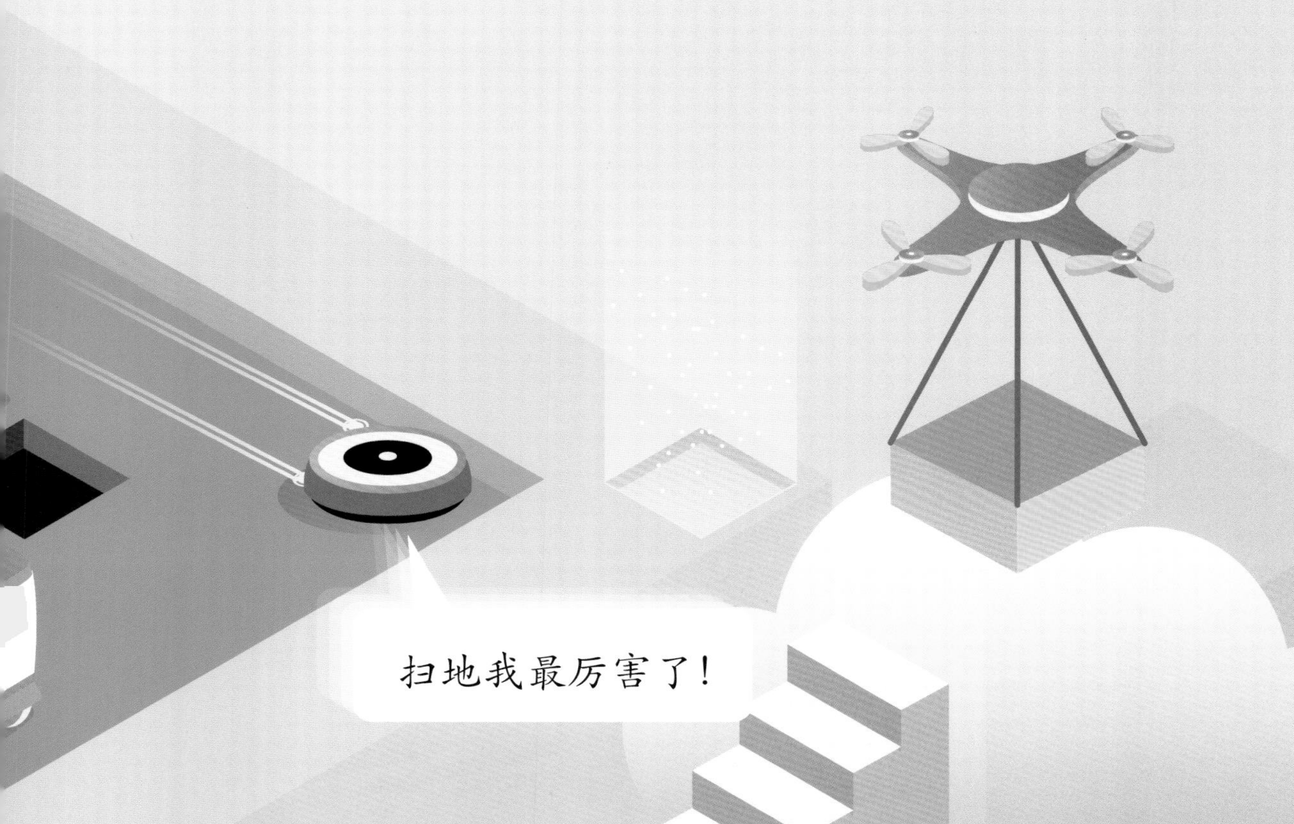

你觉得机器人有“智慧”差别吗？有的。人类根据使用需求和技术难度，制造出不同“智慧”等级的机器人。

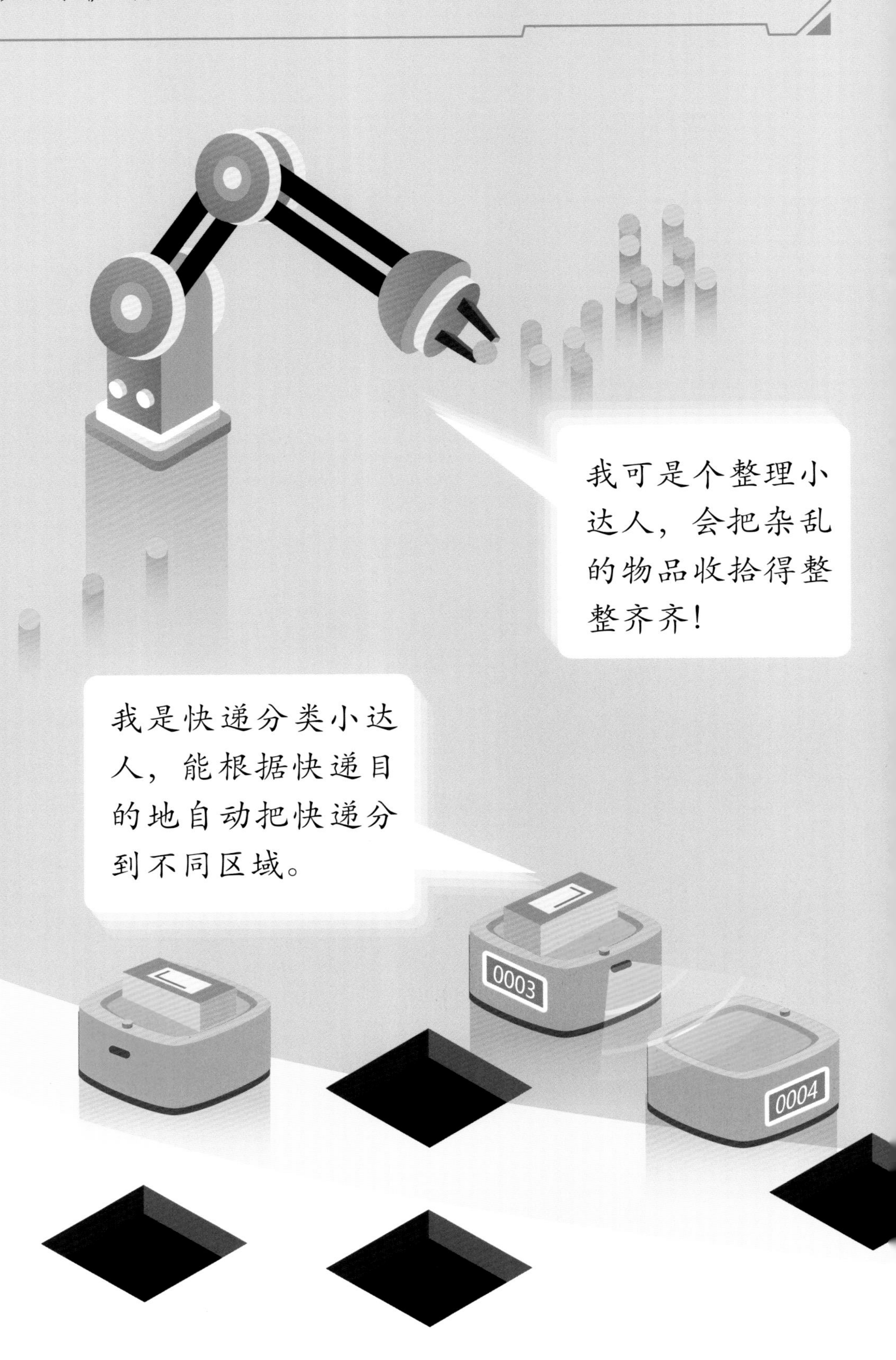

我可是个整理小达人，会把杂乱的物品收拾得整整齐齐！
我是快递分类小达人，能根据快递目的地自动把快递分到不同区域。
0003
0004

固定模式机器人

常见的大部分工业机器人只会按固定方式工作。

比如扫地机器人只会简单规划扫地路径，并自动充电。

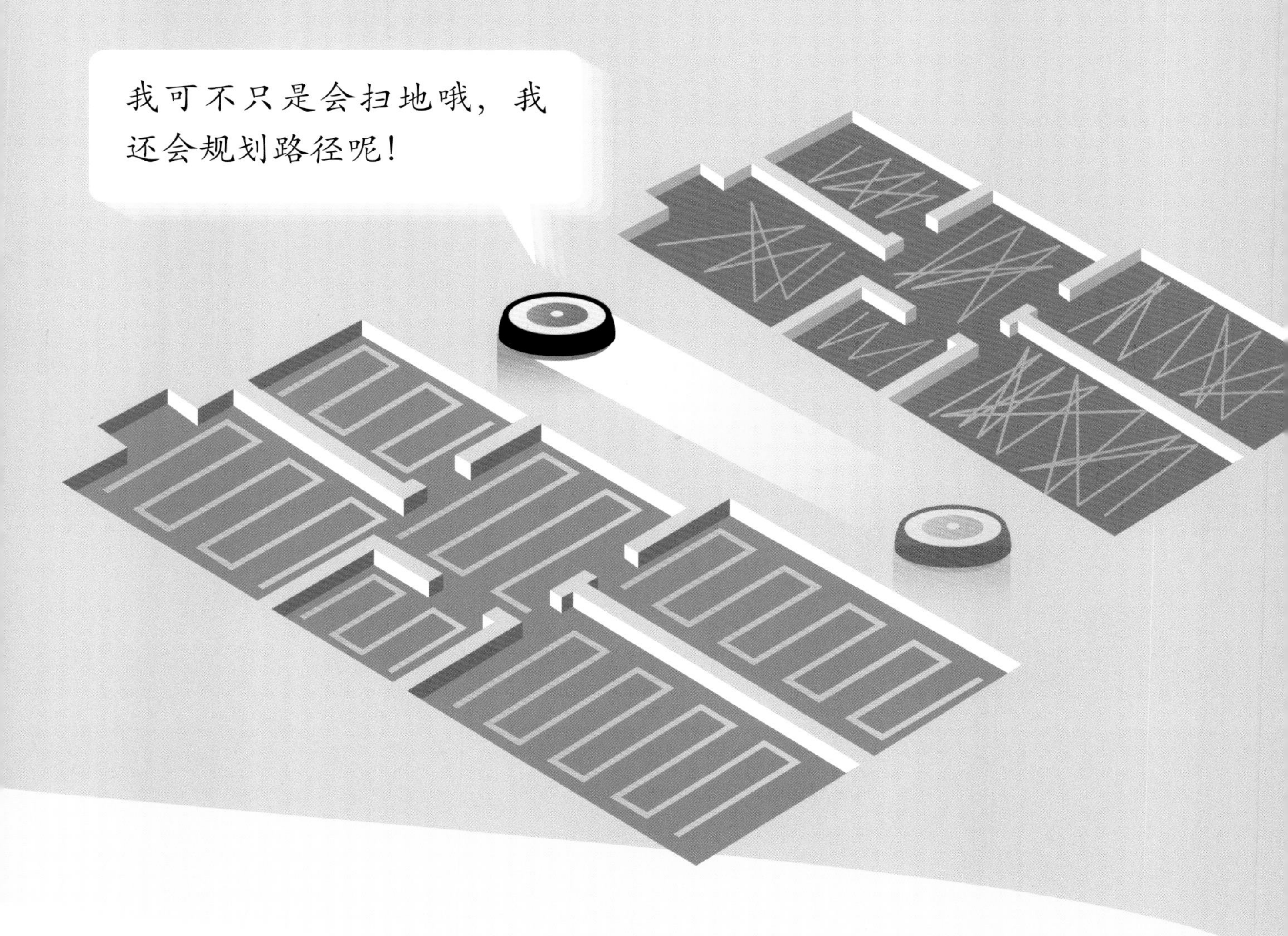

我可不只是会扫地哦，我还会规划路径呢！

你来跳个舞吧！
手机助手，给
妈妈打电话！
好的！正在打电
话给妈妈！
妈妈
正在呼叫手机…

交互式机器人

交互式机器人能够根据需要随时接收人类的指令，完成人机对话。相比之下，它们比只会按固定模式工作的机器人“聪明”多了。

比如，很多陪伴机器人能听懂人的指令，并做出相应回应。现在有些饭店里有服务机器人，有些医院有导医机器人，它们都属于交互式机器人。

我们来一只烤鸭！
好的，烤鸭大概需要等候15分钟。

检查哪块石头呢？ 我看左
边这块可能有新发现，就
它了！

半自主型机器人

在某些场景下，人类需要机器人具有一定的自主性，也就是能够根据人类预先制定的规则，在各种未知的环境中开动“大脑”，自行解决部分问题。

2011 年，人类发射了“好奇号”火星车。独自在火星上漫步的“好奇号”，需要依靠自己的“大脑”，模仿人的思考来做决定，因为人类从地球发过去的控制信号，“好奇号”需要十几分钟才能接收到。

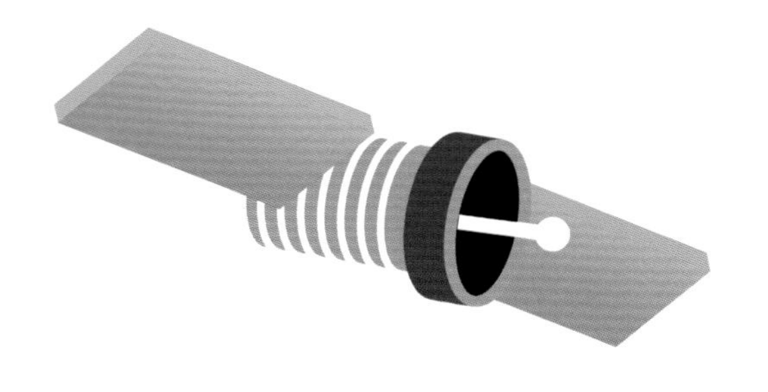

全自主型机器人

全自主型机器人在领到人类给定的任务时，不需要任何人类的干预就能自主完成。

这是无人驾驶汽车，是全自主型机器人的代表。它有很多传感器，能获取各种用于导航的数据。

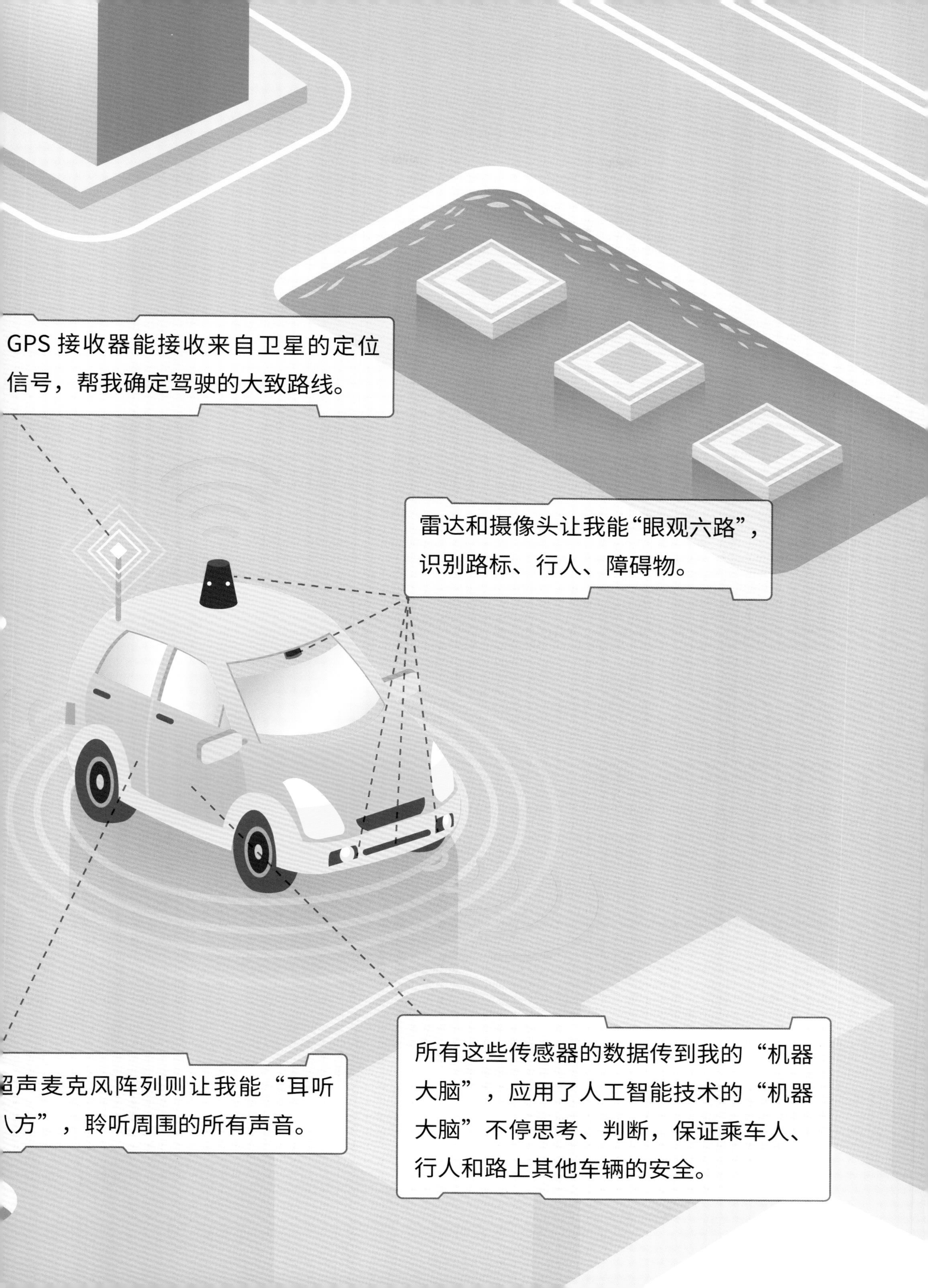
GPS 接收器能接收来自卫星的定位信号，帮我确定驾驶的大致路线。
雷达和摄像头让我能“眼观六路”，识别路标、行人、障碍物。
超声麦克风阵列则让我能“耳听八方”，聆听周围的所有声音。
所有这些传感器的数据传到我的“机器大脑”，应用了人工智能技术的“机器大脑”不停思考、判断，保证乘车人、行人和路上其他车辆的安全。

机器人怎么完成"情感计算"？

首先，我们需要准备许多分别表示“喜”“怒”“哀”“乐”等各种情感的图片或者视频，让计算机来识别其中的不同，比如眼睛的大小和位置、嘴角的方向等。这样当计算机接收到新的图片或者视频时（可能来自和它交互的人），能通过识别到的眼睛、嘴角等的不同，准确判断出对方的情感。

然后，机器人需要做出合适的情感反应时，比如对方悲伤时，机器人也需要露出悲伤的表情，机器人可以根据该表情对应的眼角、嘴巴等的特征，通过微电机控制头部相应部分的移动，来模拟人的表情，从而实现情感计算。

机器人有喜怒哀乐吗？

机器人是不会自动产生“喜”“怒”“哀”“乐”这些情感的，但它们可以识别并模拟人类的情感。

在机器人的世界里，与情感有关的词叫作“情感计算”。

具有情感计算功能的机器人在和人互动时，能识别人的情感并相应地调整自己的表情、语音和动作等，让人和机器的交互更加自然。

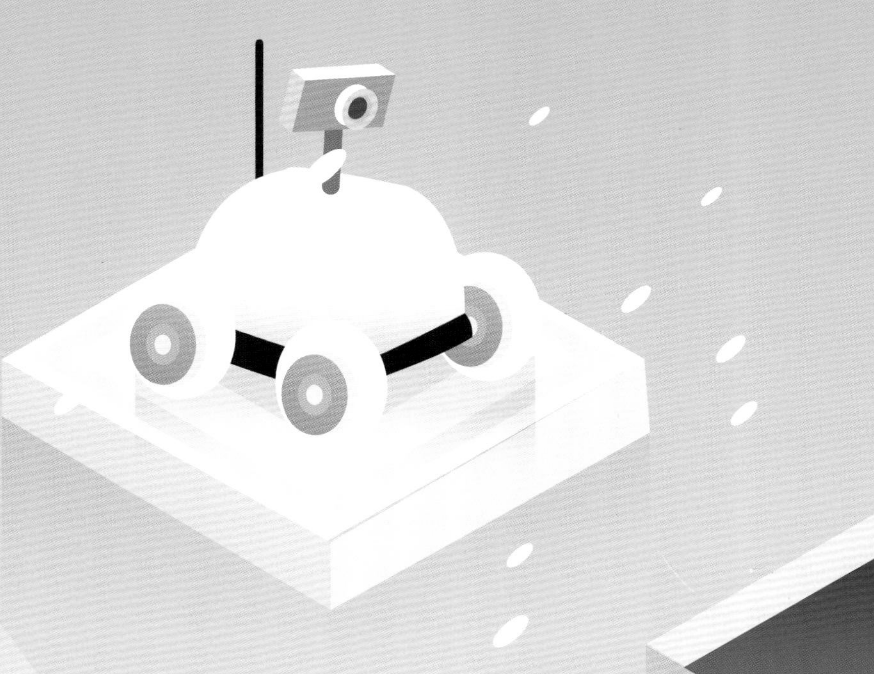

机器人会怕冷怕痛吗？

对于温度，很多机器人有温度感应器，能“知道”温度并做出适当反应，比如关闭一些功能。在火星遭遇沙尘暴期间，“好奇号”火星车会因为温度太低（因为阳光太少）而进入睡眠状态。但是机器人并不会因为寒冷而打冷颤。

疼痛则是更加主观的人类感受。对于机器人来说，人类能编写程序，让它知道自己的所有部件是否都正常工作，但是它没有“疼痛”的主观感受。

当然，与“情感计算”类似，人类也可以编写程序让机器人模拟出人类对于寒冷和疼痛的反应，但是机器人并没有主观意识。

机器人也有极限

具有特殊设计功能的机器人，能在人类不能生存的极端环境下工作。但是，如果环境条件超过了机器人的承受能力，机器人就没法工作了。

扫描二维码，做极客小测试。

极客互动游戏

机器人对对碰

小朋友，现在请你观察一下这张图片。图中有30个机器人，每个机器人都有属于自己的编号，它们看起来很像，但又有小小的不同，或者颜色不一样，或者眼睛不一样。

但是每个机器人都有一个影子朋友，和它长得一模一样，现在考考你的眼力，你能给每个机器人找到它的影子朋友吗？扫描下方二维码才能开始游戏哦！

扫描二维码，玩极客游戏。

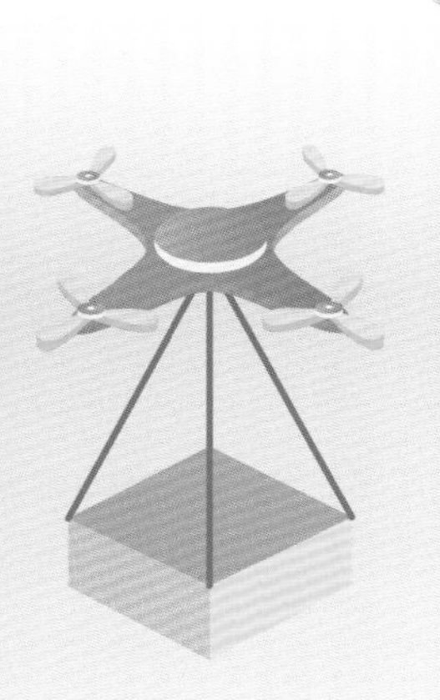

图书在版编目（CIP）数据

你好，机器人！/ 吴根清编著 . -- 北京 : 海豚出版社 : 新世界出版社 , 2019.9
ISBN 978-7-5110-4058-9

Ⅰ . ①你… Ⅱ . ①吴… Ⅲ . ①机器人－儿童读物
Ⅳ . ① TP242-49

中国版本图书馆 CIP 数据核字 (2018) 第 286206 号

你好，机器人！
NIHAO JIQIREN
吴根清　编著

出 版 人　王　磊
总 策 划　张　煜
责任编辑　梅秋慧　张　镛　郭雨欣
装帧设计　荆　娟
责任印制　于浩杰　王宝根
出　　版　海豚出版社　新世界出版社
地　　址　北京市西城区百万庄大街 24 号
邮　　编　100037
电　　话　(010)68995968（发行）　(010)68996147（总编室）
印　　刷　小森印刷（北京）有限公司
经　　销　新华书店及网络书店
开　　本　889mm×1194mm　1/16
印　　张　3
字　　数　37.5 千字
版　　次　2019 年 9 月第 1 版　2019 年 9 月第 1 次印刷
标准书号　ISBN 978-7-5110-4058-9
定　　价　29.80 元